图书在版编目（CIP）数据

当自然有了形状 /（法）艾玛努艾尔·格兰德曼著；（法）弗洛伦斯·吉拉德绘；吴天楚译. -- 长沙：湖南美术出版社, 2019.4（2020.6重印）

ISBN 978-7-5356-8724-1

Ⅰ.①当… Ⅱ.①艾… ②弗… ③吴… Ⅲ.①几何—儿童读物 Ⅳ.①O18-49

中国版本图书馆CIP数据核字（2019）第032193号

著作权合同登记号：图字 18-2019-053

当自然有了形状

DANG ZIRAN YOU LE XINGZHUANG

出 版 人：黄啸
著　　者：[法] 艾玛努艾尔·格兰德曼
绘　　者：[法] 弗洛伦斯·吉拉德
译　　者：吴天楚
出版策划：北京浪花朵朵文化传播有限公司
出版统筹：吴兴元
编辑统筹：冉华蓉
特约编辑：潘红叶
责任编辑：贺澧沙
营销推广：ONEBOOK
装帧制造：墨白空间·闫献龙
出版发行：湖南美术出版社 后浪出版公司
印　　刷：北京盛通印刷股份有限公司
开　　本：720 毫米 ×1000 毫米　1/8
字　　数：8 千字
印　　张：7
版　　次：2019 年 4 月第 1 版
印　　次：2020 年 6 月第 2 次印刷
书　　号：ISBN 978-7-5356-8724-1
定　　价：68.00 元
官方微博：@ 浪花朵朵童书
读者服务：reader@hinabook.com 188-1142-1266
投稿服务：onebook@hinabook.com 133-6631-2326
直销服务：buy@hinabook.com 133-6657-3072

浪花朵朵

当自然 Quand la nature 有了形状 prend forme

[法]艾玛努艾尔·格兰德曼 著
[法]弗洛伦斯·吉拉德 绘　吴天楚 译

CNS PUBLISHING & MEDIA | 湖南美术出版社
全国百佳图书出版单位

引 言

波点套装、条纹上衣、环纹尾巴、装饰着折线型褶皱的制服……即使身上没有装饰着完美的几何图案，动物们和植物们也会或蜷成圆球，或螺旋状盘绕在树枝上，或像蛇那样蜿蜒着潜入沙子。数学总是以某种形式出现在大自然中。无论是圆点、条纹、螺旋、椭圆，或是见于松果和葵花、被称作“分形”的复杂形状，它们的存在都并非偶然。如果说某些形状纯属装饰，其他的形状则能给动植物的生存带来实实在在的好处。这些形状帮助动植物伪装、飞翔、潜游、诱敌或者是求偶：大自然中形状的来由各不相同。有些形状的出现，受自身物理性质所限：比如行星，比如圆如弹珠的三文鱼卵，再比如拥有完美形状的雪花。而其他形状，则是在极其漫长的进化过程中形成的。受到自然形状的启发，人类不但发明了诸如车轮、瓦片这样的寻常之物，还创造出了不计其数的艺术品。无论在绘画、雕塑、建筑、设计还是时尚领域，线、褶皱、条纹、圆点、正方形，甚或六边形、其他球形等形状都与人类的历史相伴相随。

大自然转圈圆又圆

肥皂泡、太阳、柚子、海胆、青蛙卵……
球形真是个完美的形状——难以下嘴，容易滚动，还能御寒。

圆又圆，圆又圆……

圆又圆，圆又圆，刺猬蜷成一个圆，
将柔软的身体隐藏，
把锋利的盔甲披上，
捕食者休想将它尝，
若是真的要下口，定要疼得喊爹娘。
待到危险退去，
小刺猬将身体重新舒展，
又迈开小碎步，毫不畏惧。
圆又圆，圆又圆，狐狸睡成一个圆，
睡在浮冰上，任凭寒风起。
它裹紧厚实的皮大衣，
抵御寒冷的天气。
它蜷成一团，
浑身暖乎乎，
再也不怕严寒。
圆又圆，圆又圆，鱼儿围成一个圆，
鲶鱼、梭鱼和鲲鱼，
鱼儿聚一起，
亲密又无间。
模糊彼此的界限，
组成巨大的圆球，
想抓它们可没门，
圆球的每个角落都无机可乘。
待到危险退去，
圆球也随之解散，
鱼儿各自还家园。

蜜蚁

蚁穴中，蜜蚁被关了禁闭，
不过没关系，这家伙的肚皮鼓起，
像个羊皮口袋，动弹不得。
贪吃鬼？才不是！
狼吞虎咽不过是为蚁群着想。
它就像个食品柜，
每当同伴来挠它的触角，
它便分泌几滴糖浆，
正是它蜜色的身体把糖浆贮藏。
在澳洲的荒漠里，蜜蚁堪称宝藏，
它们虽小，却是原住民的最爱，
他们擅长掏挖蚁穴，
乐于享用这甘甜的琼浆。

眼镜猴
土星
海胆
莲蓬
球马陆
豌豆
王莲
刺猬
犰狳环尾蜥
狐狸
樱桃
巢鼠窝
雨蛙
银荆
圆形西葫芦
绿海龟的卵
柠檬

野草莓
屎壳郎
蒲公英
鱼群
犰狳
水母
沙钱
马勃
黑莓
太阳
蚁
穿山甲
猫
河鲀
大蒜花

所有的点都在大自然里

植物、动物和蘑菇都要保护自己、伪装自己，
或者招摇地穿上波点套装大喊一声：“小心，有毒！”

捉迷藏

美洲豹，你的伪装衣可真华丽。
隐藏在这身皮毛下，你潜入幽暗的灌木丛，
身上的斑点犹如一个个光斑
穿破雨林的穹盖，
洒落于林间大地。
隐身的你窥伺着
前来饮水觅食的动物，趁其不备，
一跃而起，管他是长鼻浣熊、刺豚鼠还是狨猴，
统统一口吞下。

斑点有毒

波点、圆点、圆圈，只为美观？
大错特错！
瓢虫或许酷爱打扮，
可它的小斑点却有大用处。
鲜红的鞘翅上斑点散布，
发出警告：危险！
警告贪食艳丽瓢虫的食客。
众所周知，太过靠近
带斑点的瓢虫，
除了招惹一股臭液，别无所获。
2、7、13、14、16、18、19、24个斑点，
斑点的数量无关年龄短长，
但能区别种类，每种瓢虫的斑点数都不一样！

蝴蝶的大眼睛

森林里，树干上，
一双大眼睛真闪亮。
那是谁的眼睛？
大伙又惊又怕，避之不及。
决不能让这头猛兽靠近
将我们吃掉。
正当所有动物，
无论大小，
四下逃窜时，
蝴蝶合上翅膀，
把眼状斑纹隐藏，
得意于骗过了
妄图捕食自己的动物，
又飞回花间采食蜜糖。

豆点裸胸鳝
大王花
虎斑宝贝
美洲豹
瓢虫
驼背鲈
蓝点魟
字码芋螺
袋鼬
毒蝇伞
高山欧螈
变叶木
斑点狗
网纹箭毒蛙
巨斑花蛇鳗
豹纹壁虎
绿豹蛱蝶

水蚺
红腹角雉
大蛞蝓
斑鬣狗
斑蛾
独角鲸
秋海棠
蓝环章鱼
普通珠鸡
斑袋貂
红斑梯形蟹
黇鹿
青星九棘鲈
刺鳖
阿波罗绢蝶
斑点掌裂兰

什么尖尖尖上天……

这家伙企图自卫甚至弄伤对手，
没想到对手立即找来带刺的盔甲披上。

嘘，你听……

瞧，两座宏伟的尖塔。

这“蝠耳狐”的绰号，大耳狐的确堪当。

一片寂静，听到了什么声音？

对，是窸窣作响的昆虫，它们可得留心大耳狐敏锐的听力。

大耳狐张开饿口，昆虫们统统都得丧命。

耳朵是大耳狐的法宝，在非洲南部的草原上捕猎，

可少不了这双弧形耳朵相助。

除了外形庞大，这对尖塔似的耳
朵还能调节体温，帮助大耳狐抵御闷热的环境。

什么尖尖尖上天……

带刺的恶魔

身披竖满尖刺的盔甲，
魔蜥在等待时机。
这长尖角的恶魔可真稀奇！
莫非是出自某位疯狂学者的想象？
非也！
这家伙是一种蜥蜴，
走起路来慢得像乌龟，
生活在炙热的澳洲沙漠里。
多盛大的狂欢节，才配得上如此精致的衣裳？
魔蜥才不在意什么狂欢节，
它是个独行侠。
至于奇装异服，那是生活所需。
这身打扮既是伪装，又是盔甲，
让以蚂蚁为食的它，既免遭蚂蚁咬，
又不被捕食者一口吞掉，毕竟
这个爬行动物中的小不点，吃起来味道肯定很好。

南洋杉
白犀牛
黄嘴犀鸟
七叶树的花
椿象
锯鳐
伪卷蛾
三叶草
杰克森变色龙
竹节虫
大耳狐
刺鲀
水牛形角蝉
负子蟾
云杉
吉贝
竹笋
桦树的叶子
欧洲钟
豪猪
欧洲帽贝
鳄鱼
鸭蹼
蔷薇的刺

毛毛虫
紫露草
延龄草
薄翅螳螂
鲨鱼的牙齿
神仙鱼
鹤鸵
大理石芋螺
魔蜥
酢浆草
雪雁
角蝉
非洲象
伊莎贝拉蝶
剑龙
鸢尾花
加蓬咝蝰

姓土豆，名椭圆

椭圆形俗称土豆形，它模样多变、无拘无束，
勾勒出生命的旋转轨迹。

画熊猫

一看调色盘，画家吓了一跳
彩色全都用完了，
只剩白色和黑色。
可是，他本打算画一只五颜六色的熊，
像彩虹那样五彩斑斓。
这下可糟了，
画家苦苦思索，如何用剩下的颜料为熊装扮。
画圆点？太像斑点狗了。
画条纹？斑马会嫉妒的。
要不，就在耳朵和眼睛上
画几个椭圆？
不够不够，他边想边在熊掌附近
添上两大圈黑色。
从旁经过的女儿对他说，这模样真可笑。
只用黑白两色，这就是你画的熊猫？
不好吗难道？
画家可不想说出实情，
只得寻找解释：
或许是为了伪装，便于藏在光影之间，
躲进遥远的中国，茂密的竹林深处？
或许是为了能从远处被熊猫同伴看清楚？
又或许白雪的反光太刺眼，
而这身衣服能防紫外线？
不不不，没有一个解释是真的，
熊猫之所以这副模样，
大概纯粹是因为漂亮！

姓土豆，名椭圆

九枚蛋？

一枚洁白，一枚乌黑，
一枚单色，一枚有斑，
一枚仅有半克重，由蜂鸟妈妈产在巢中，
一枚重达一千克，那是鸵鸟妈妈的作品。
鳄鱼的蛋软软的，鹤鸵的蛋则又厚又硬像堵墙。
而第九枚蛋，是海鸠妈妈的宝贝，
尖尖的像只梨。
蓝似海洋，布满涂鸦，
这枚奇怪的蛋无巢可归。
它被产在岩石上，悬崖边，
不过，它滚不动，
也不会掉下去。
多亏了陀螺形的外壳，
海鸠蛋才能
稳居危崖，直至雏鸟
啄开摇篮的外壳。

帽贝
贻贝
牛油果
金橘
鸡蛋
枫树的翅果
风铃草
垂柳的叶
鸡腿菇
刺角瓜
动冠伞鸟
蝴蝶的蛹
郁金香
蝉
小头油鲽
石鳖
猴面包树
薮猫
兔尾草
雪松果
叶子
橡果
平角涡虫
蘑菇珊瑚
红蝽
茄子
橄榄
菜豆
帝企鹅
牛头㹴

长鼻蜡蝉
鲍鱼
玉兰花
乌墨果
芭蕉花
火葱
镜斑蝴蝶鱼
刺槐的叶子
跳虫
海鸠蛋
海椰子
织布鸟的巢
鱼翅瓜
海参
长鼻猴
崖海鸦
章鱼
灰海豹
雪花莲
银扇草
宝贝
蜱虫
椰枣
河狸的尾巴
可可果
榕树
鳃角金龟
银莲花
大熊猫
穴鸮
蝰蛇的头
开心果
杏仁

出线！

直线、折线、波浪线，是线
勾画出了整个大自然。

太阳计划

直挺挺的橡树苗，一天天长高。
它想挠挠天空
摸摸太阳，
可一路上，刚刚发芽的小橡树
碰上了更高大的树，
被笼罩在大树荫下。
没了阳光的照耀，
橡树苗又矮又小。
忽然有一天，一场可怕的暴风雨
将人高马大、趾高气昂的大树邻居连根拔起。
只听轰隆一声巨响，邻居摔了出去，
连同那些挨肩叠足的枝叶
被清理得干干净净。
唯独小橡树幸免于难。
在这片崭新的空地上，
小橡树抽枝展叶，
没多久，小橡树的树梢
终于摸到了星星，满心欢喜。

“弗拉门戈”鸟

谁会注意到这只小鸟，
谁想看它
枯叶似的羽毛？
且慢，先看看它的身份证，
这位鸟先生姓皇，名霸鹟。
奇怪！当皇帝，没皇冠可不行。
莫非这身不起眼的衣服里藏着秘密？
其实皇冠被藏了起来，
只为在重大场合闪亮登场。
等到求偶之时，
皇霸鹟昂头挺胸，
小脑袋左摇摇、右晃晃，
像跳弗拉门戈舞那样，
打开头顶的扇子，
嘴里咔嗒作响。
一抹鲜艳的红，
缀以湛蓝和乌黑，
皇霸鹟的红宝石皇冠，就这样
展现在贵妇们眼前。

扇贝
扇尾鸽
石笔海胆
豪猪
孔雀鱼
葵花凤头鹦鹉
天堂鸟
银杏的叶子
松针
伞蜥蜴
孔雀
鸡冠
皇霸鹟
飞鱼
旗鱼
棕榈
旅人蕉
羽蛾
鸡油菌
捕蝇草
鳃角金龟的触角

沙皮狗
鹭
羊肚菌
大红鹳
核桃
麝牛
麦穗
独角鲸
韭葱
蘑菇珊瑚
辣椒
大砗磲
蟆口鸱
白尾鹲
香草
姬蛛
红杉
马瓦里马
剑羚
海狸鼠的胡须
长颈鹿的脖子
竹节虫
野兔
花园鳗
巨人柱
鱼骨
竹子

天然条纹

无论为求偶还是伪装，大自然都选择条纹装！

斑马纹

黑，白，黑，白，黑，白……
穿上这身条纹装在草原上大摇大摆，
真是个好主意！
你说这身打扮过于花哨？
非也。
条纹装可不是个摆设，
每只斑马的条纹都不一样，就好比身份证，
绝不会张冠李戴。
不过，这身衣服的由来可没那么简单。
据说遇到危险时，条纹可以让斑马群牢牢团结在一起。
哎！忘掉这个解释吧。
有人说，条纹能让斑马和周围环境融为一体，
要骗过捕食者，这主意可不赖。
可是，专家们不这么认为，
这些条纹不过是体温调节器。
不信你去找一只同样个头的单色羚羊，
给它测测体温。
足足比斑马高出 2.5 摄氏度！
骄阳下，条纹装的好处显而易见。

天然条纹

因“尾”

小斑獛、长鼻浣熊、浣熊、环尾狐猴、环尾獴，
还有蓬尾浣熊，
这些动物有个共同点，
他们都有一条环尾。
尾巴上一道白，一道黑，
交替构成规律的图案。
动物们摇着环尾从树上
跳到地下，
它有何用处？
用来伪装？
不太可能。
据说有一种名叫中华龙鸟的恐龙，
也拖着一条美丽的环尾，十分骄傲。

或许是为了彼此沟通？
黑夜里，唯有这条黑白条纹的
长尾巴可以用来交谈。
小斑獛、环尾獴、蓬尾浣熊就是这样
远距离对话。
可夜里睡觉的环尾狐猴呢，它们也是如此吗？
在马达加斯加的丛林中，环尾狐猴长长的尾巴卷成一个问号，
它们摇啊摇，
互相吸引，相互打闹。
无论白天或黑夜，
无论在平地还是树梢，
无论在它们谁的身上
总能见到条纹交相呼应。

环尾狐猴
白斑狗鱼
欧洲大扇贝
西瓜
扁尾海蛇
线条
拟态章鱼
金凤蝶
笔螺
獾
滨螺
蜻蜓
天蛾幼虫
葵花籽
獾㹢狓
斑马花
西葫芦
兰花
澳洲
条纹石龙子

翱翔蓑鲉
云雀
长尾林鸮
花叶水葱
紫露草
圆蛛
土狼
花栗鼠
锦葵
老虎
铃兰
斑马
东方石鲈
小丑鱼
浣熊
条纹十二卷
额斑刺蝶鱼

神奇的箱子

任何理由都不足为信，唯有物理
能够解释为什么蜂房和矿物晶体呈六边形。

“箱子”鱼

一只盒子，
一个箱子，
一条箱鲀。

箱子里装什么？
海胆，
珊瑚珠宝，
海藻首饰，
但是，游动才是箱子的最大用处。

这箱子长了鱼鳍，
这箱子没有抽屉，
它叫箱鲀。
它的箱子可关不住它，
它自由自在，
丝毫不被禁锢在
这只镶满鱼鳞的箱子里。

箱鲀游动，
在礁石间
飞速前进，
全靠方形的身体。
箱子会游泳，
箱鲀真稀奇，
如同在画里。

尖吻鎓
蜜蜂的巢房
刺槐的豆荚
四翼桉树
开唇兰
公山羊
黄铁矿的结晶
九带犰狳
扁尾陆龟
竹荪
侧带拟花鮨
光魟
桉树果
檄树果实
秋火莲
花格贝母
网纹长颈鹿
菠萝
仙人掌

六角石斑鱼
苗之塔
穿山甲
三色堇
六棱柱玄武岩
叙利亚马利筋的果实
科摩多巨蜥的爪子
蝴蝶翅膀
倭犰狳
洋蓟
猫鲨的卵
鳐鱼卵
生石花
昆虫的复眼
喀麦隆蘑菇
蛇鳞
云杉的球果
怀恩多特母鸡
番荔枝
箱鲀

左旋转，右旋转

你有没有想过，鹦鹉螺的贝壳和蕨菜能变成
数学公式？还真有一些痴迷几何的学者办到了。

会旋转的花

花儿紫
藤儿弯，野豌豆的卷须
在攀援。
快！抻开绿弹簧
爬向未知的远方，
寻找一个依靠，
草木、土石都好。
无论野豌豆还是西番莲，葡萄，
还是笋瓜，卷须都至关重要。
卷须是攀爬的触手，
卷须让花朵绽放。
卷须扬起花瓣织就的旗帜，
像极了酒吧挂出的
招牌：
昆虫们，来喝一杯甘甜的美酒。
来吧！不过别忘了，喝完
这杯酒，捎上几撮金色的花粉
再飞走。

染料骨螺
香蕉树干的横截面
螳螂的口器
西番莲的卷须
热带爬藤
国王变色龙
蜘蛛网
菊石
葡萄藤
鹦鹉螺
海马
茅膏菜
海蛞蝓的卵
丽口螺
马可波罗羊
蓝翅草
蕨菜
威氏极乐鸟

菊石
欧亚绶草
曼陀罗
虎鲨的卵
旋鳃虫
星轮锯蜗牛
姬马陆
印度黑羚
花园葱蜗牛
猪笼草
象鼻
多叶芦荟
海芋
铁树叶
猪尾巴
苜蓿的豆荚
马蹄螺

头顶星星的幸运儿

在进化实验室里，一切都有序、对称。大自然在造物时，
有正面就有反面，不过有时候，大自然会心血来潮，
放弃两侧对称，选择星形！

鼻尖上的世界

这是一只小鼹鼠，
鼻尖上挂着一颗星星。
奇怪，真奇怪……
不过，这颗有 22 个角
漂漂亮亮顶在鼻尖的星星
对小鼹鼠很重要。
有多重要呢……举足轻重！
因为小鼹鼠和它的亲戚们一样，
视力很差，近乎失明。
它生活在沼泽地带的地洞中，
不得不辨认道路，寻找
一日三餐。
多亏有了这颗星星，它才能
完成任务。
在星形的鼻尖上，
有成千上万个敏感细胞给它导航。
向右转，
向左转，
请注意，左侧发现甲壳虫，
右侧发现可口的蠕虫。
这个星形器官真是太棒了，
它还为小鼹鼠赢得了
“哺乳动物界觅食最快奖”。
定位、捕获、吞食，全程只需 230 毫秒，
多出色的成绩啊！

扶轮螺
八角
球兰
星鼻鼹
红色链珠海星
海百合
云纹蛇鳝
硬皮地星
伞花虎眼万年青
铁树
星花木兰
海葵
刺芹
筐蛇尾
蟹蛛

一品红
雪花
兰花
大豹皮花
刺槐
虞美人的蒴果
羽扇豆
蛇尾
星花车轴草
海星
一品白
星龟
婆罗门参
狼蛛
雪绒花
史氏菊海鞘
杨桃

随机小词典

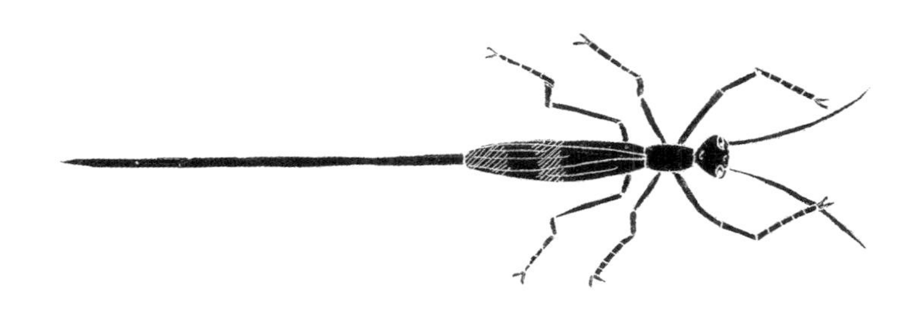

王莲
生活在亚马孙地区的王莲，叶片直径可达3米。浮在水面上的叶片足可托起一个婴儿。

雨蛙
雨蛙的叫声会被鸣囊放大，大到方圆一公里外都听得见。在热带地区，某些雨蛙会在树干里鸣叫。由于回声的缘故，人们会觉得雨蛙的个头比实际要大。

眼镜猴
眼镜猴的眼睛硕大无比，每只都有它的脑子那么大。这双眼睛让眼镜猴能够在夜里毫不费力地辨别方向。假如人也有这样比例的眼睛，那它们差不多得有苹果那么大。

穿山甲
穿山甲宝宝的鳞片需要很多天才会逐渐变硬。此后，一旦遇到危险，穿山甲便缩成一团藏进盔甲里，而且盔甲上的所有鳞片都可以竖起来御敌。

屎壳郎
屎壳郎在粪球里产下一枚卵。卵一旦孵化，幼虫就以“摇篮”内壁为食，直至羽化为成虫。

球马陆
球马陆是千足虫的近亲，一旦遇到危险，它就会蜷成一个球。这个球坚不可摧，活像个保险柜，令捕食者无计可施。

犰狳环尾蜥
遭遇危险时，这种来自南非的蜥蜴会把尾巴含在嘴里蜷成球状，然后以滚动的方式脱险。

角雉
在求偶时，雄性角雉会鼓起脖子周围的肉裾，如同一个大衣领。在中国西藏地区的密林深处，无论雌鸟走到哪里，雄鸟都会紧随其后。

大王花
大王花是世界上最大的花。为了引来苍蝇为它授粉，大王花会散发出一股腐肉的臭味。

独角鲸
在独角鲸家族中，只有雄性才拥有螺旋状的独角，而这根角其实是独角鲸的左侧门牙。人们曾经以为，只有传说中的独角兽才拥有这样长达3米的洁白独角。

大理石芋螺
美丽的螺壳下藏着一杆鱼叉，鱼叉上涂着动物界最毒的毒药之一。这名黑夜猎人举着鱼叉，捕食贝类、小虫或小鱼。

吉贝
尽管吉贝树干上布满尖刺，却挡不住前来觅食的黑猩猩。猩猩们发明了一种鞋：将一截树枝夹在脚趾中间。穿上这双鞋，它们就能毫发无伤地爬到树上品尝吉贝的花蕾和花瓣。

角蝉
角蝉是知了的近亲，它们的“头盔”其实是退化了的翅膀。这副头盔能够放大角蝉的鸣叫声。

雪雁
与许多候鸟一样，雪雁在飞行时也会排成队形。这样能够节省体力，而且每只雪雁都会轮流担当头鸟，因为头鸟最辛苦。

负子蟾
产下十几枚卵后，雌蟾会将卵背在背上，并封存在皮肤里。蟾卵就这样被安全地保护起来，逐渐发育。等到从母亲背上离开时，蟾卵已经变成一只只幼蟾了。

犀牛
犀牛角的成分与指甲、头发一样：角蛋白。为了获取犀牛角，人类大肆捕杀犀牛，让犀牛的生存遭到了威胁，因为人们错误地认为犀角具有药用价值。

猴面包树
猴面包树的树干有着与橡树或巨杉不同的木质，这种木质就像海绵，每逢雨季就会吸饱水。于是，在随后漫长的旱季中，猴面包树就能存活下去。

枫树的双翅果（或翅果）
枫树的种子长了一双翅膀，像直升机那样在空中盘旋。这样一来，种子就能离开大树，飞向远方，获得新生。

海鸠蛋
海鸠从不筑巢，何必要巢呢？它直接将蛋产在悬崖边上。为了避免掉落，海鸠蛋呈梨形，就像个不倒翁，尽管东倒西歪，但绝不会失去平衡！

小头油鲽
刚出生时，小头油鲽的身体两侧分别有一只眼睛，和其他鱼类并无二致。之后，小头油鲽在蜕变中，一只眼睛会逐渐向另一只眼睛靠拢，身体也会变成扁平状，这样它就能隐藏在沙子里了。

帝企鹅
帝企鹅的身体能够适应比零下60摄氏度更低的气温。它们圆鼓鼓、胖墩墩，没有巨大的喙，也没有长长的翅膀，浑身覆盖着四层鳞片状的绒毛。

长鼻猴
和电影《大鼻子情圣》中的主人公一样，雄性长鼻猴也有个硕大的鼻子。鼻子不仅能增添魅力，而且能在长鼻猴“嘟嘟”叫时充当音箱。

花园鳗
这种滑稽的小鱼往往成百上千地群居。不过，邻居们却不互相串门，因为花园鳗的身体从不完全离开它的小窝。

捕蝇草
捕蝇草的叶片是一副可怕的钳子，诱捕了一只只昆虫。吃腻了日常食谱的捕蝇草，全靠这些昆虫换换口味。

飞鱼
在水下加速后，飞鱼冲出水面并张开鱼鳍。这样一来，飞鱼能够以时速60公里的速度在海面上滑翔50米左右。

长颈鹿
脖子长长的长颈鹿有一颗非常强健的心脏。为了将血液输送到大脑，这颗重达11千克的心脏能够制造高出人类两倍的血压。

野兔
野兔的耳朵可真大……这对大耳朵不但能让它听得更清楚，还能帮它降温，像一台空调。

蟆口鸱
蟆口鸱身着树皮色的羽毛，昼伏夜出。为了防止被捕食，蟆口鸱白天就直挺挺地站着，一动不动，活像一截枯树枝。

老虎
在印度，老虎生活在茂密的草丛中。这或许可以解释为什么老虎身上有条状斑纹。而作为老虎的近亲，美洲豹和非洲豹的斑纹则呈斑点状，因为它们需要在丛林中伪装，隐藏在阳光斑驳的灌木丛里。

复眼
所有昆虫的眼睛都是由许多只微小的单眼或复眼组成的，有些蜻蜓的每只“眼睛”可含有高达2.8万只小眼。

额斑刺蝶鱼
刚出生时，额斑刺蝶鱼均为雌性，随着年龄的增长，才慢慢分化出雄性来。

蛇鳞
全靠蛇鳞牢牢抓住凹凸不平的地面，蛇才能获得动力，蜿蜒爬行。

生石花
生石花混迹于石头间，埋没在泥土里，被戏称为“石头花”。它将自己藏起来，既是为了躲避食草动物，更是为了抵御非洲南部灼热的阳光。

印度黑羚
只有公羚羊才拥有美丽的犄角，这双螺旋形的犄角长度可达60厘米。与瓣羊和鹿一样，公羚羊的犄角越大，在母羚羊眼中就越有魅力。

海马
在海马家庭中，负责孵化宝宝的是海马爸爸。海马爸爸将卵安放在腹部的育儿袋中保温，再将卷曲的尾巴缠上珊瑚枝，在珊瑚群中栖息。

鹦鹉螺
鹦鹉螺的壳被隔膜分隔成一个个腔室，腔室之间由一根室管相连，躯体住在最后一个腔室里。鹦鹉螺通过增加或减少注入的空气，来控制自身在海中的浮沉。

威氏极乐鸟
在巴布亚岛的丛林深处，极乐鸟在一方舞池中翩翩起舞。只有雄鸟才拥有华丽的羽衣，为了吸引雌鸟，雄鸟们全情投入，卖力演出。

虞美人的蒴果
虞美人的果实是一枚蒴果。蒴果会裂开一个个小洞，像盐罐子一样，将5万多颗种子播撒在风中。

雪花
雪花是在空气中形成的。尽管雪花形状各异，但可以归纳为七类（星形、针形、片状……）。不过，所有的雪花都呈六边形。

海星
假如海星被捕食者咬断一条腕足，它可以重新长出一条一模一样的腕足。

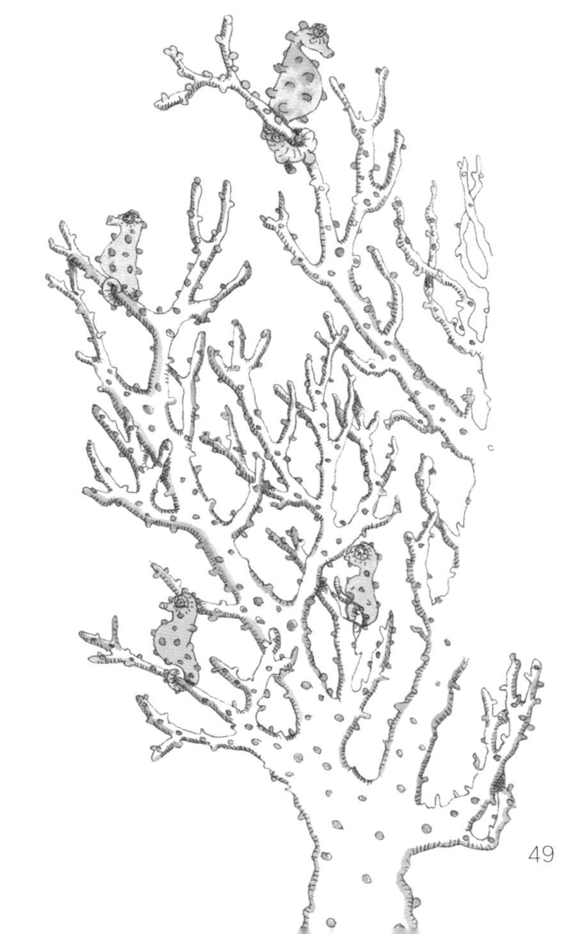